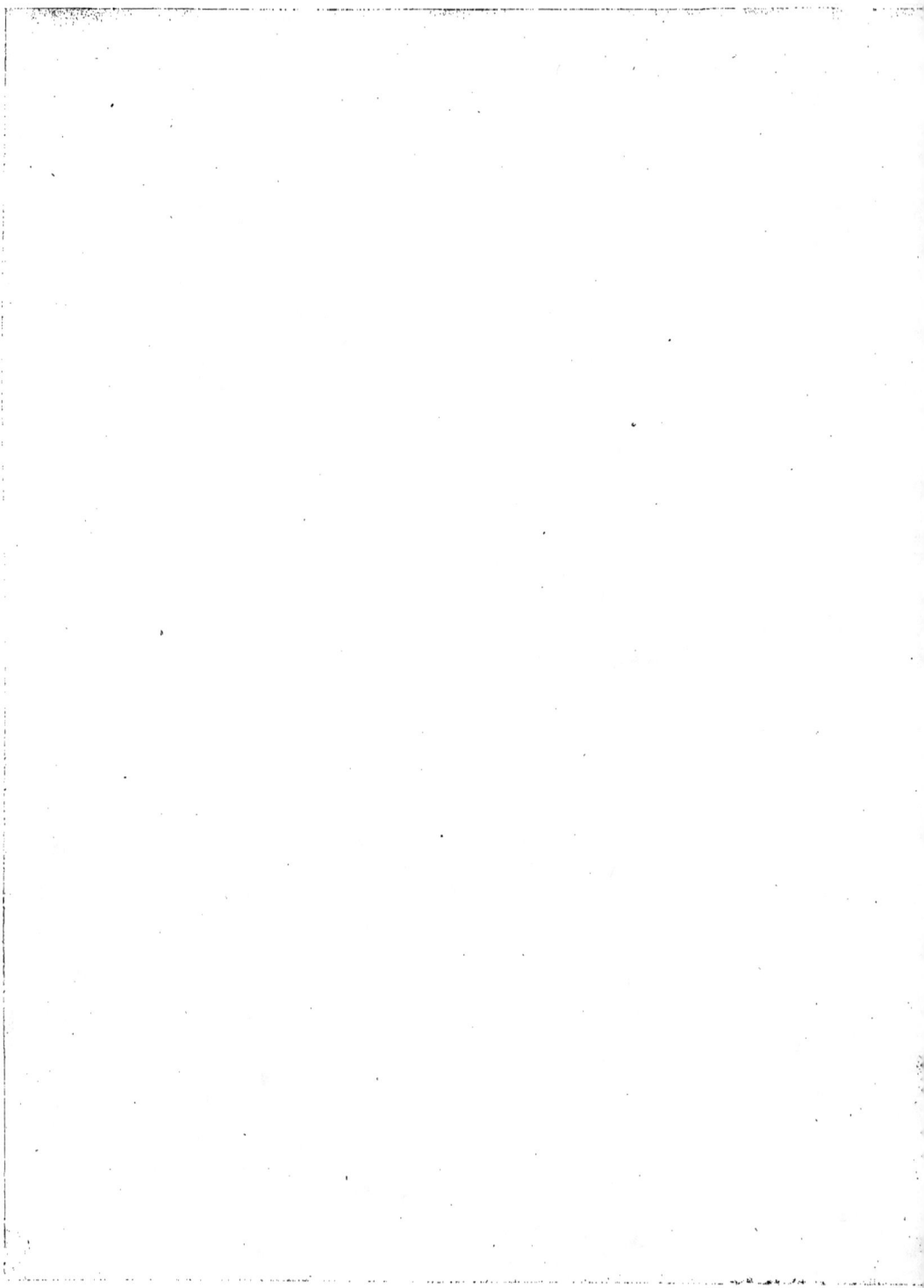

Conserver la Courbature !

MINISTÈRE DES TRAVAUX PUBLICS

629

ÉTUDES

DES

GÎTES MINÉRAUX

DE LA FRANCE

PUBLIÉES SOUS LES AUSPICES DE M. LE MINISTRE DES TRAVAUX PUBLICS
PAR LE SERVICE DES TOPOGRAPHIES SOUTERRAINES

LES TERRAINS TERTIAIRES DE LA BRESSE

ET

LEURS GÎTES DE LIGNITES ET DE MINERAIS DE FER

PAR

F. DELAFOND

INGÉNIEUR EN CHEF DES MINES

ET C. DEPÉRET

PROFESSEUR À LA FACULTÉ DES SCIENCES DE LYON

ATLAS

PARIS

IMPRIMERIE NATIONALE

M DCCC XCIII

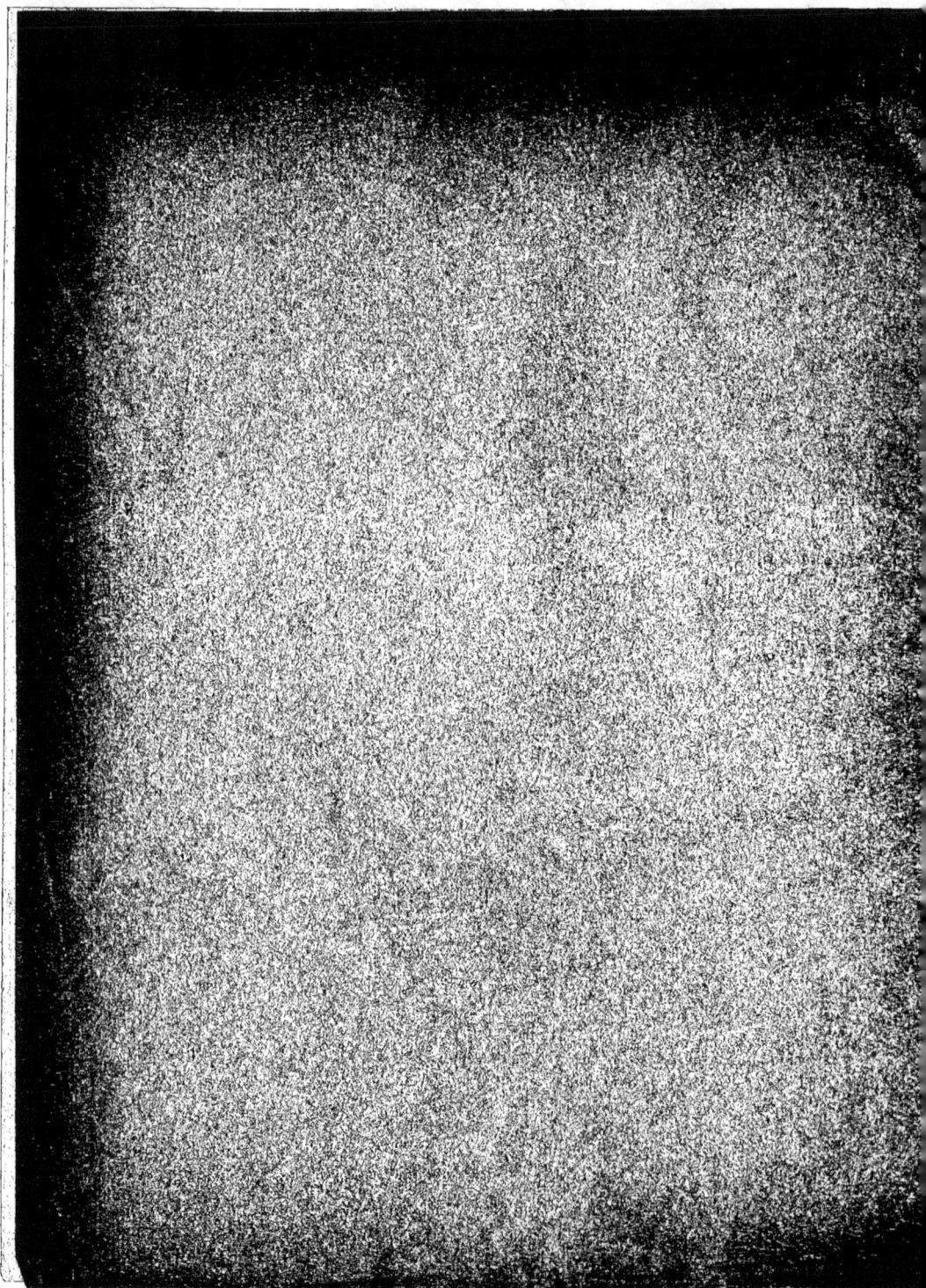

LES TERRAINS TERTIAIRES DE LA BRESSE

ET

LEURS GÎTES DE LIGNITES ET DE MINERAIS DE FER

MINISTÈRE DES TRAVAUX PUBLICS

ÉTUDES

DES

GÎTES MINÉRAUX

DE LA FRANCE

PUBLIÉES SOUS LES AUSPICES DE M. LE MINISTRE DES TRAVAUX PUBLICS
PAR LE SERVICE DES TOPOGRAPHIES SOUTERRAINES

LES TERRAINS TERTIAIRES DE LA BRESSE

ET

LEURS GÎTES DE LIGNITES ET DE MINERAIS DE FER

PAR

F. DELAFOND

INGÉNIEUR EN CHEF DES MINES

ET C. DEPÉRET

PROFESSEUR À LA FACULTÉ DES SCIENCES DE LYON

ATLAS

PARIS

IMPRIMERIE NATIONALE

M DCCC XCIII

(C.)

PLANCHE I

La Bresse.

PLANCHE I.

MIOCÈNE SUPÉRIEUR (PONTIQUE).

1. *Horizon inférieur ou de Soblay.*

Fig. 1. **Sus major** Gerv. — 2ᵉ et 3ᵉ prémolaires supérieures. Lignites de Soblay (Ain).

Fig. 2. **Sus major** Gerv. — 2ᵉ et 3ᵉ arrière-molaires supérieures. Soblay.

Fig. 3. **Rhinoceros Schleiermacheri** Kaup. — Arrière-molaire inférieure à l'état de germe. Soblay.

Fig. 4. **Mastodon Turicensis** Schinz. — 2ᵉ arrière-molaire supérieure, à demi-grandeur. Soblay.

Fig. 5. **Dinotherium giganteum** Kaup. — Les deux prémolaires supérieures à demi-grandeur. Sables de Saint-Jean-le-Vieux (Ain).

Fig. 6. **Hipparion gracile** Kaup. — Les 3 prémolaires supérieures. Soblay.

Fig. 7. **Protragocerus Chantrei** Dep., race major. — Arrière-molaire supérieure. Soblay.

Fig. 8. **Protragocerus Chantrei** Dep. — 2ᵉ et 3ᵉ arrière-molaires inférieures. Soblay.

Fig. 9. **Protragocerus Chantrei** Dep. — Métacarpe, brisé en bas. Soblay.

Fig. 10. **Protragocerus Chantrei** Dep. — Extrémité supérieure du métatarse. Soblay.

Fig. 11. **Protragocerus Chantrei** Dep. — Astragale. Soblay.

Fig. 12. **Castor Jægeri** Kaup. — Moitié gauche de mandibule, avec la série des 4 molaires. Soblay.

Fig. 13. **Castor Jægeri** Kaup. — 1ʳᵉ molaire supérieure. Soblay.

(Ces pièces sont au Muséum de Lyon.)

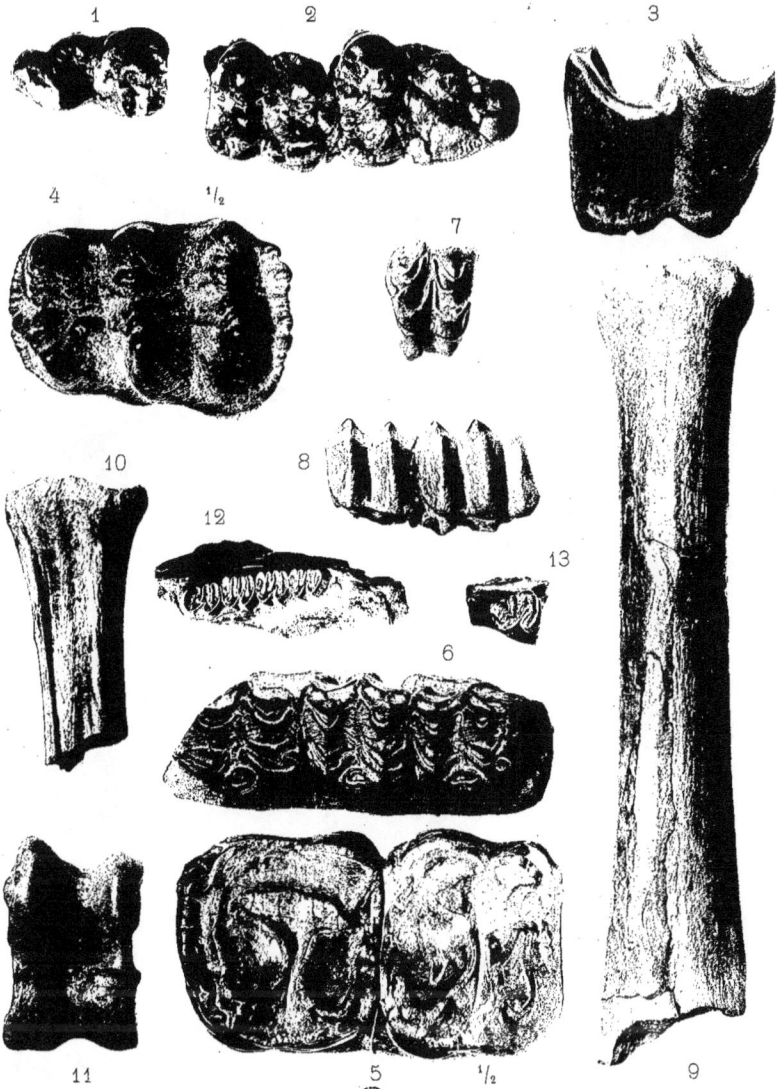

Pl. 1.

1

2

3

4

$^1/_2$

7

10

8

12

13

6

11

5

$^1/_2$

9

Procédé G. Pilarski, A. Murat et Cie

HORIZON DE SOBLAY

PLANCHE II

PLANCHE II.

MIOCÈNE SUPÉRIEUR (PONTIQUE).

2. *Horizon supérieur ou de la Croix-Rousse.*

(Marnes blanches de la Croix-Rousse.)

FIG. 1. **Tragocerus amalthæus** ROTH et WAGN. — Cheville osseuse de corne, vue par côté. — 1ᵃ. La même par devant.

FIG. 2. **Tragocerus amalthæus** ROTH et WAGN. — Astragale.

FIG. 3. **Tragocerus amalthæus** ROTH et WAGN. — Calcanéum.

FIG. 4. **Tragocerus amalthæus** ROTH et WAGN. — Moitié supérieure du métacarpe.

FIG. 5. **Gazella deperdita** GERV. — Cheville osseuse de corne.

FIG. 6. **Hyæmoschus Jourdani** DEP. — Partie d'une patte de derrière, comprenant les 2 métatarsiens médians incomplètement soudés et les extrémités inférieures des 2 petits métatarsiens latéraux.

FIG. 7. **Hyæmoschus Jourdani** DEP. — Astragale.

FIG. 8. **Hyæmoschus Jourdani** DEP. — Calcanéum.

FIG. 9. **Hyæmoschus Jourdani** DEP. — Partie de palais montrant les 3 prémolaires de lait, suivies des 3 arrière-molaires.

FIG. 10. **Hyæmoschus Jourdani** DEP. — Partie de mandibule montrant les 1ʳᵉ et 2ᵉ molaires de lait, suivies des 3 arrière-molaires en place.

FIG. 11. **Hyæmoschus Jourdani** DEP. — Canine supérieure, brisée à la pointe.

FIG. 12. **Micromeryx** aff. **Flourensianus** LARTET. — Métatarse, brisé en bas.

FIG. 13. **Hipparion gracile** KAUP. — Molaire supérieure.

FIG. 14. **Rhinoceros Schleiermacheri** KAUP. — 1ʳᵉ prémolaire supérieure.

FIG. 15. **Dinotherium Cuvieri** KAUP. — 1ʳᵉ arrière-molaire inférieure, dont le 3ᵉ lobe est brisé en arrière.

FIG. 16. **Castor Jægeri** KAUP. — Partie de mandibule avec les 3 premières molaires. Place Colbert, à Lyon.

(Les pièces 1-15 sont au Muséum de Lyon; la pièce 16 est à la Faculté des sciences de Lyon.)

Pl. II.

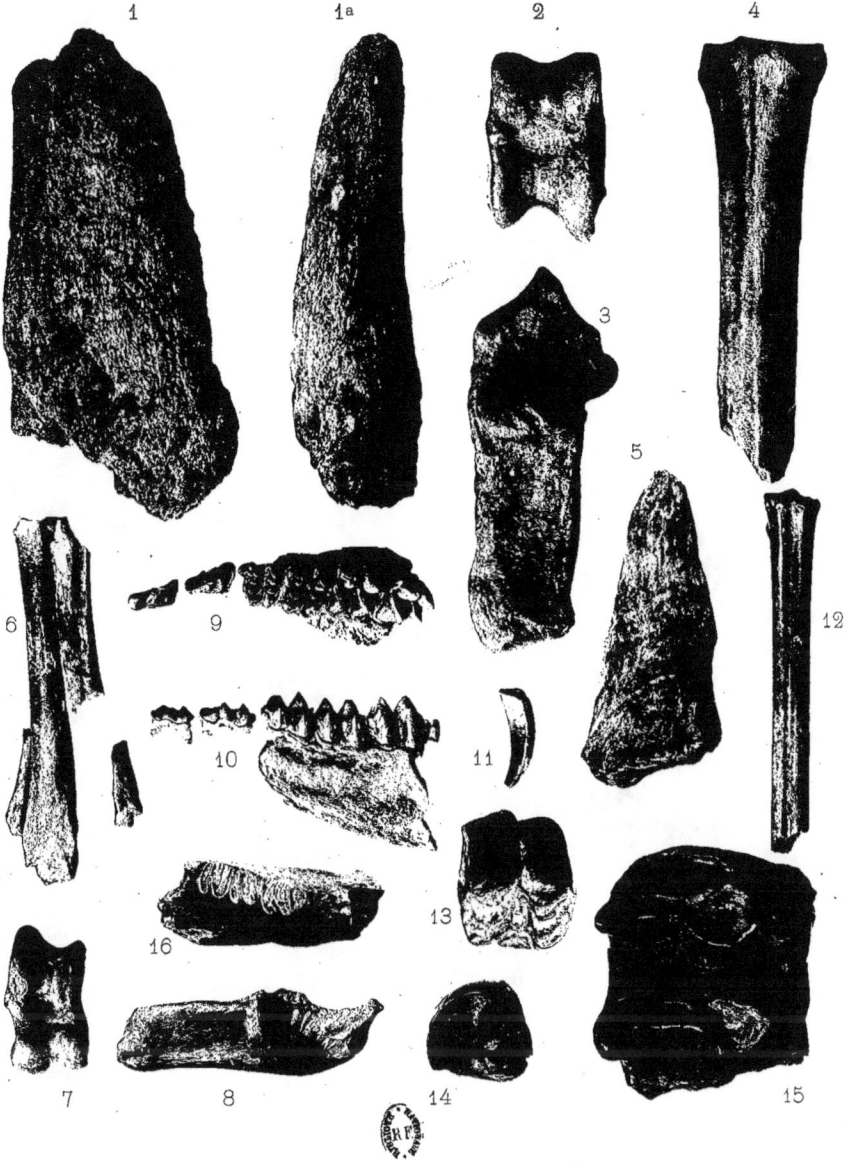

1 1a 2 4
3
5
6 9
12
10 11
13
16
7 8 14 15

Horizon de la Croix-Rousse

Procédé G. Pilarski, A. Murat et Cⁱᵉ

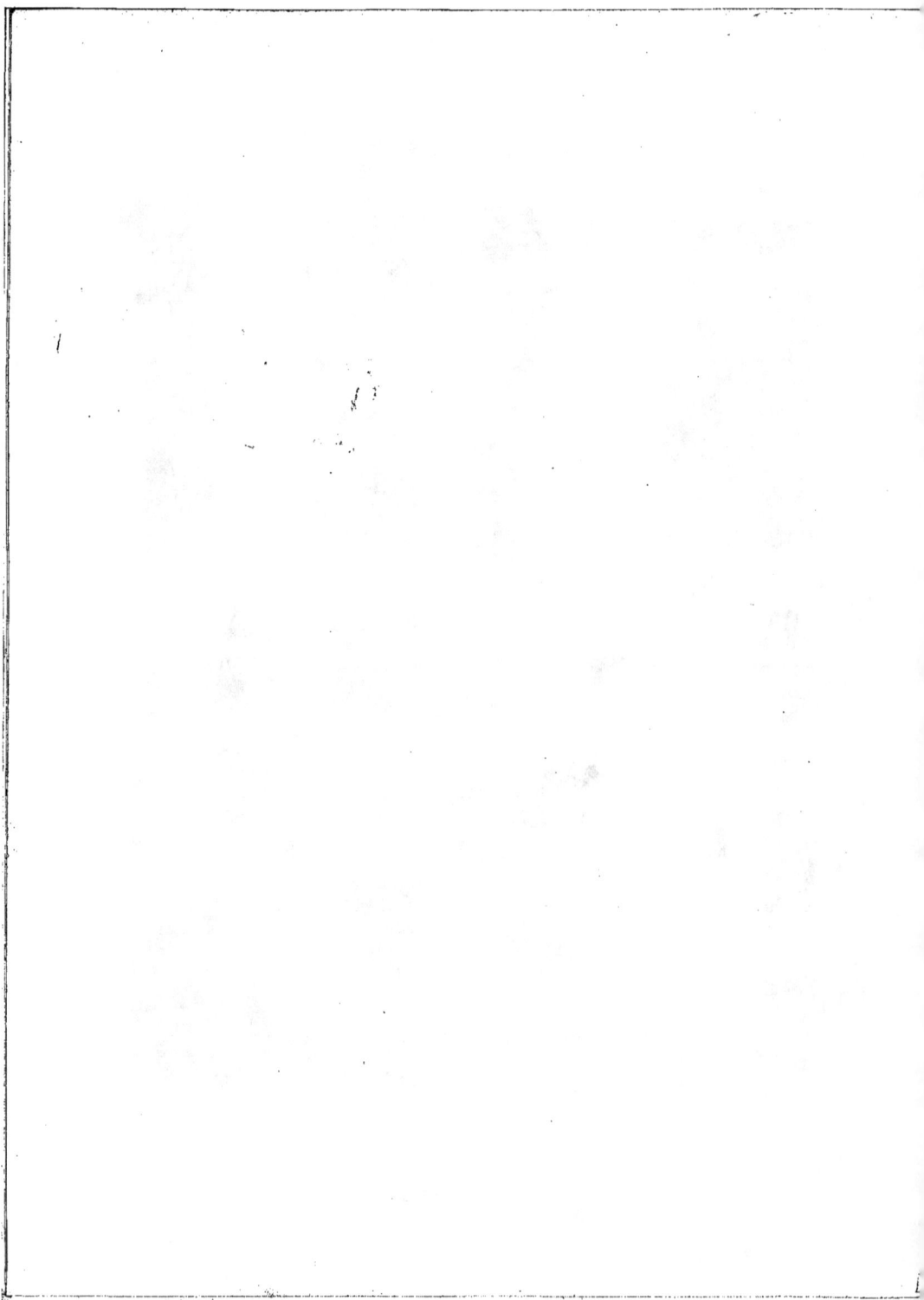

PLANCHE III

PLANCHE III.

MIOCÈNE SUPÉRIEUR (PONTIQUE).

2. *Horizon supérieur ou de la Croix-Rousse.*

Mastodon longirostris KAUP. — Cette planche, reproduite des *Archives du Muséum de Lyon*, t. II, pl. XIV, montre en haut diverses parties de la mandibule du **M. longirostris** trouvé dans les couches supérieures de la Croix-Rousse, à Lyon ; on voit notamment la forme prolongée de la symphyse avec l'alvéole pour une défense ou incisive inférieure qui est figurée à droite. En bas est une dernière molaire supérieure isolée vue par-dessus et par côté, et comptant 5 collines.

(Ces pièces, figurées au 1/3 de grandeur, sont au Muséum de Lyon.)

Pl. III.

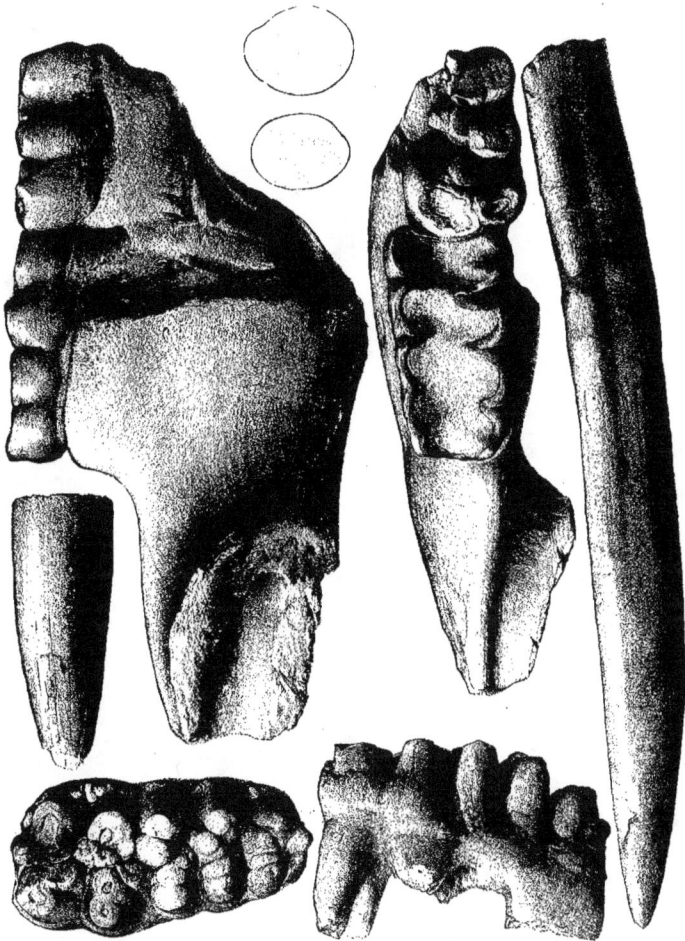

$^1/_3$

HORIZON DE LA CROIX-ROUSSE

PLANCHE IV

PLANCHE IV.

MOLLUSQUES MIOCÈNES SUPÉRIEURS (PONTIQUE).

Fig. 1-1ᵃ..... **Valvata Hellenica** Tourn., var. **Cabeolensis** Font., grossie 2 fois. — Marnes de Saint-Jean-le-Vieux (Ain).

Fig. 3-3ᵃ..... **Valvata Sibinensis** Neum., var. **Sayni** Font., grossie 2 fois. — Marnes de Saint-Jean-le-Vieux.

Fig. 4-4ᵃ..... **Bithynia Leberonensis** Fisch. et Tourn., grossie 2 fois. — Marnes de la place Colbert, à Lyon.

Fig. 5-7..... **Bythinia veneria** Font., grossie 2 fois. — Marnes de la place Colbert.

Fig. 8-10..... **Hydrobia Avisanensis** Font., grossie 2 fois. — Marnes d'Oussiat (Ain).

Fig. 11-13.... **Melanopsis Kleini** Kurr., var. **Valentinensis** Font. — Marnes de Soblay (Ain).

Fig. 14-16.... **Neritina crenulata** Klein. — Marnes de Soblay.

Fig. 17...... **Helix Valentinensis** Font. — Marnes de la Croix-Rousse, à Lyon.

Fig. 18...... **Helix cf. Larteti** Boissy. — Moule interne des marnes rouges de Ville-reversure (Ain).

Fig. 19-19ᵃ... **Zonites Colonjoni** Mich., var. **Planciana** Font. — Marnes de la Croix-Rousse.

Fig. 20...... **Ancylus Neumayri** Font. — Marnes de la Croix-Rousse.

Fig. 21-23.... **Planorbis Heriacensis** Font., sujets non adultes. — Marnes de la Croix-Rousse.

Fig. 24-25.... **Limnæa Heriacensis** Font. — Marnes de la Croix-Rousse.

Fig. 26...... **Unio atavus** Partsch, var. **ectata** Font. — Croix-Rousse.

Fig. 27-29.... **Unio atavus** Partsch. — Croix-Rousse.

Nota. — La figure 2-2ᵃ représente un sommet de coquille marine miocène remaniée dans les marnes de Saint-Jean-le-Vieux.

(Muséum et Faculté des sciences de Lyon.)

Pl. IV.

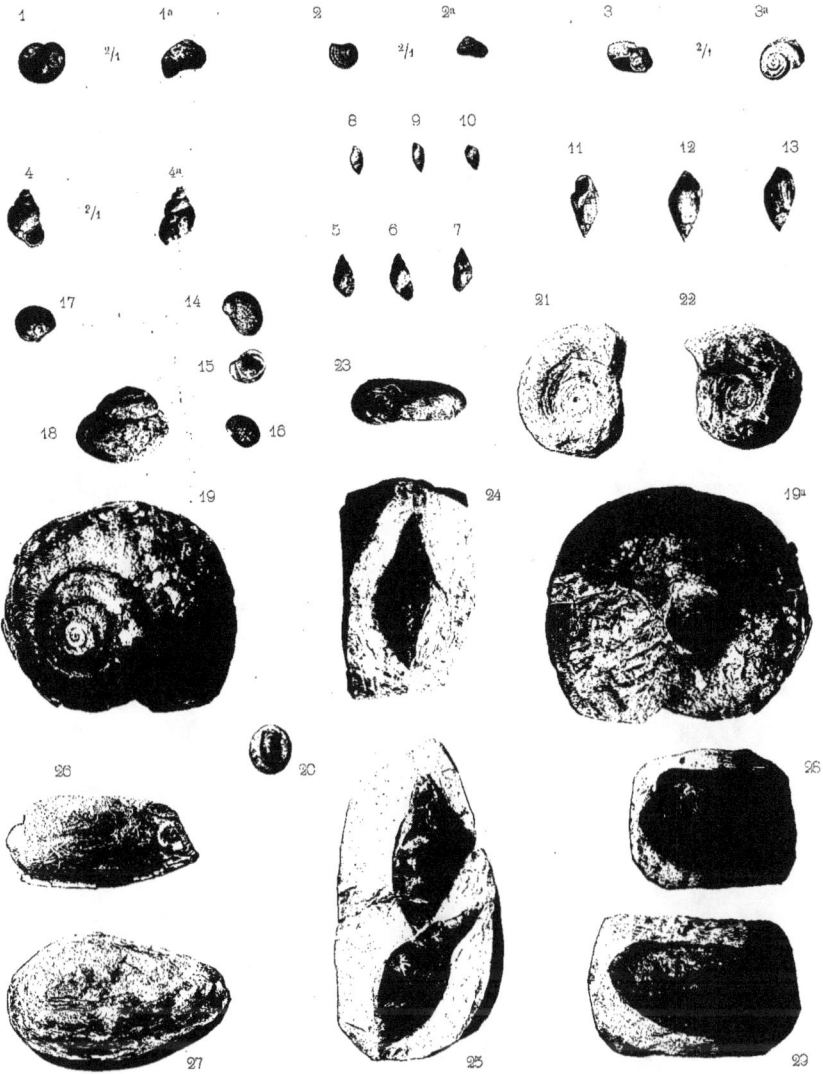

Mollusques miocènes supérieurs de la Bresse

Procédé G. Pilarski, A. Murat et Cⁱᵉ

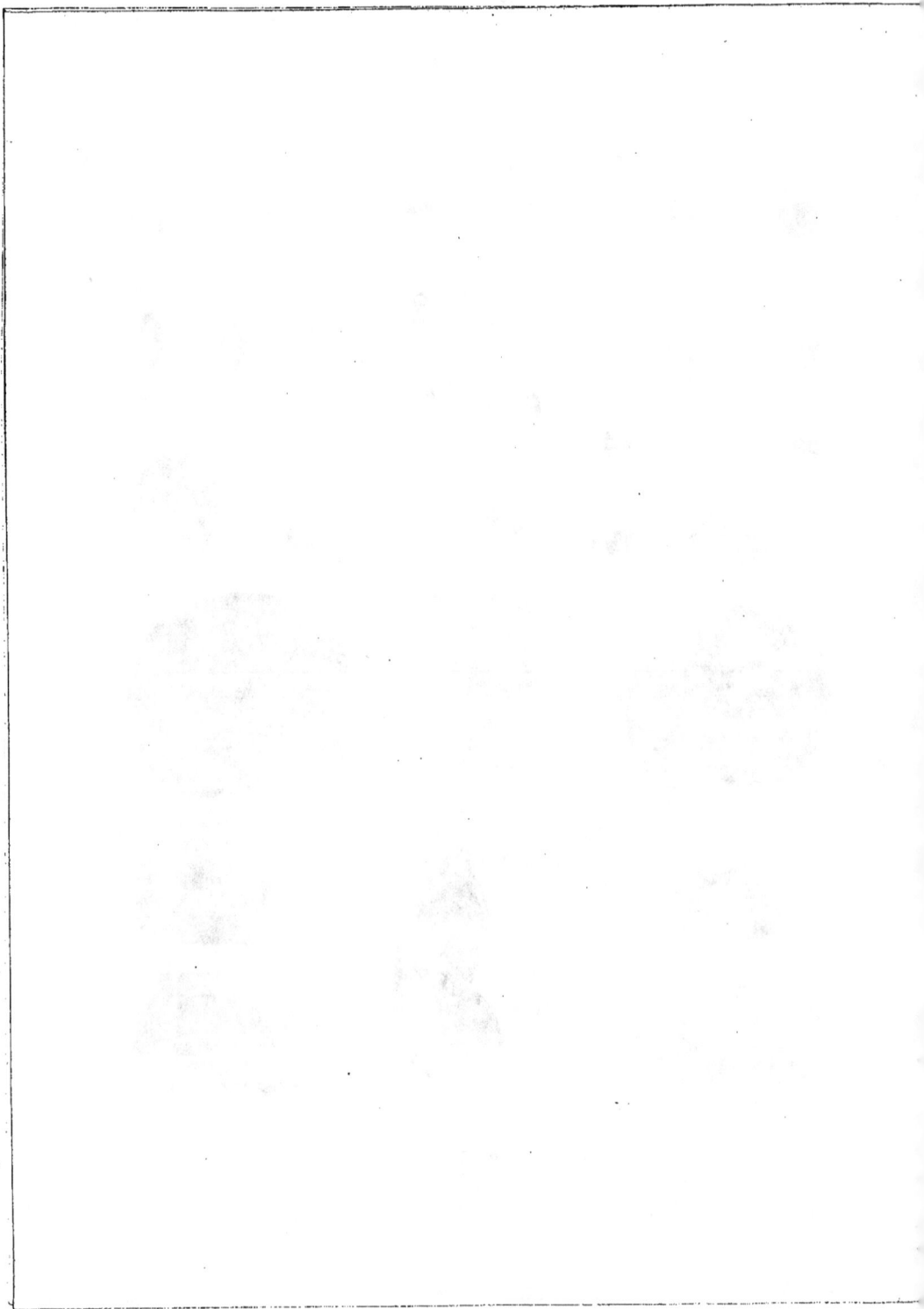

PLANCHE V

PLANCHE V.

PLIOCÈNE INFÉRIEUR.

Zone moyenne.

(Horizon des minerais de fer de la Haute-Bresse.)

Fig. 1. **Palæoryx Cordieri** Gerv. — Partie de mandibule avec les 2e et 3e prémolaires et la 3e arrière-molaire. Argile à minerai de fer de Valay (Haute-Saône).

Fig. 2. **Palæoryx Cordieri** Gerv. — 1re phalange. Minerai de fer à Autrey, près Gray.

(Horizon de Sermenaz.)

Fig. 4. **Rhinoceros lepthorinus** Cuv. — Dernière prémolaire supérieure. Sables de Sermenaz (Ain).

Zone inférieure.

(Horizon des marnes de Mollon.)

Fig. 3. **Mastodon Borsoni** Hays. — Dernière molaire supérieure, à laquelle manque la 4e colline. Marnes du tunnel de Collonges.

Fig. 5. **Rhinoceros? leptorhinus** Cuv. — Arrière-molaire inférieure, un peu usée. Tunnel de Collonges.

(La pièce n° 1 est au Musée de Gray; la pièce n° 5 à la Faculté des sciences de Lyon; les autres au Muséum de Lyon.)

Pl. V.

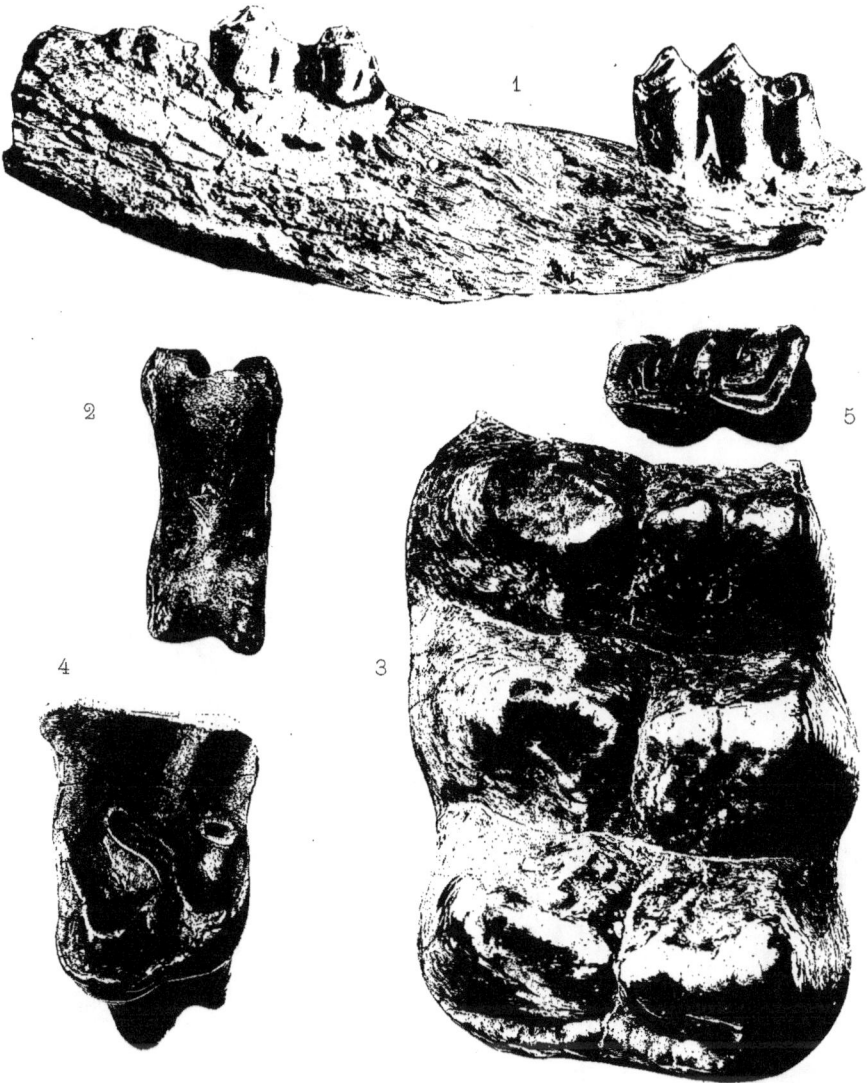

1 — 2. Horizon des Minerais de fer de la H^{te}-Saône. — 3. — 5. Horizon de Mollon

PLANCHE VI

2.

PLANCHE VI.

PLIOCÈNE INFÉRIEUR.

Zone inférieure.

(Horizon des minerais de fer de la Haute-Bresse.)

Fig. 1. **Mastodon Arvernensis** Cr. et Job. — Molaire supérieure intermédiaire à 4 collines. Minerai de fer entre Pesmes et Gray.

Fig. 2. **Mastodon Borsoni** Hays. — Mandibule montrant la forme raccourcie de la symphyse et portant en place 2 molaires de chaque côté, la dernière à 4 collines, l'avant-dernière à 3 collines et en plus l'alvéole de l'antépénultième molaire. Minerai de fer de Chevigny-Saint-Sauveur, près Dijon.

Fig. 3. **Tapirus Arvernensis** Cr. et Job. — Série des 6 molaires inférieures. Minerai de fer à Arc, près Gray.

Fig. 4. **Tapirus Arvernensis** Cr. et Job. — Molaire supérieure isolée. Minerai de fer à Autrey, près Gray.

Fig. 5. **Hipparion** sp. — Extrémité inférieure de métatarsien médian, par devant. Minerai de fer à Autrey, près Gray.

Fig. 5ᵉ. **Hipparion** sp. — La même pièce, par derrière, pour montrer l'empreinte des métatarsiens latéraux.

(La pièce n° 2 est au Musée de Dijon; les autres au Muséum de Lyon.)

Pl. VI.

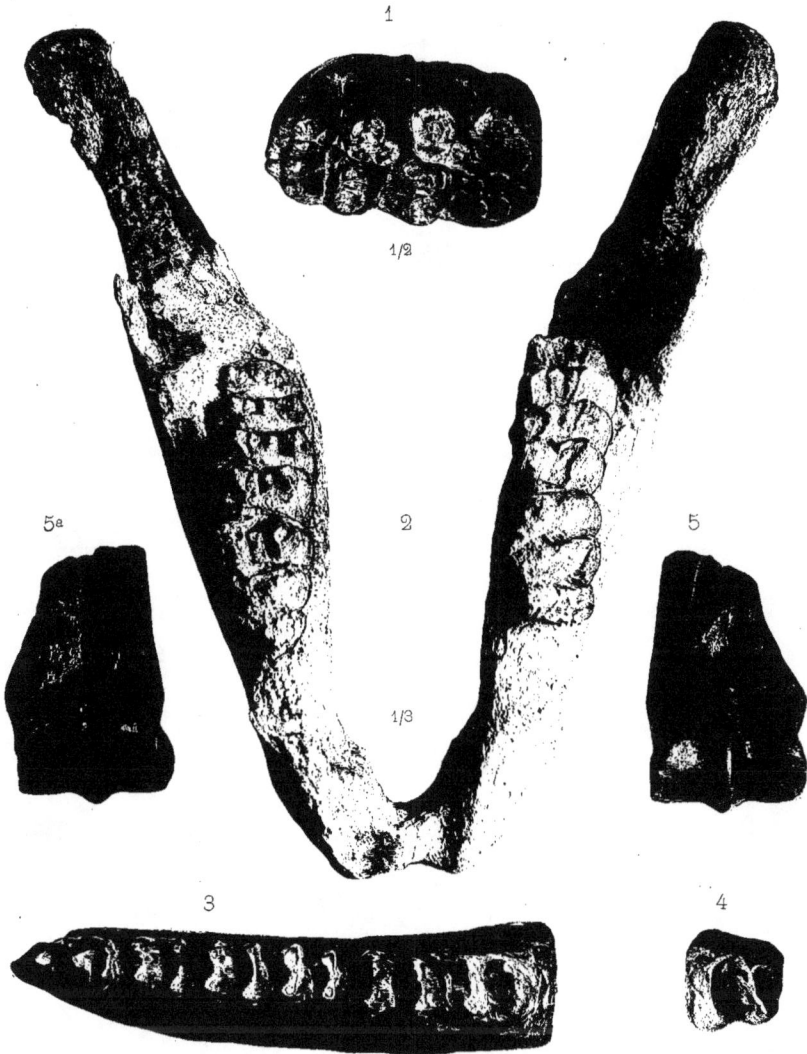

1

1/2

2

1/3

5a

5

3

4

Horizon des minerais de fer de la Haute-Saône et de la Côte-d'Or.

Procédé G. Pilarski, A. Murat et Cⁱᵉ

PLANCHE VII

PLANCHE VII.

PLIOCÈNE INFÉRIEUR.

Zone inférieure.

(Horizon de Mollon.)

Pl. VII.

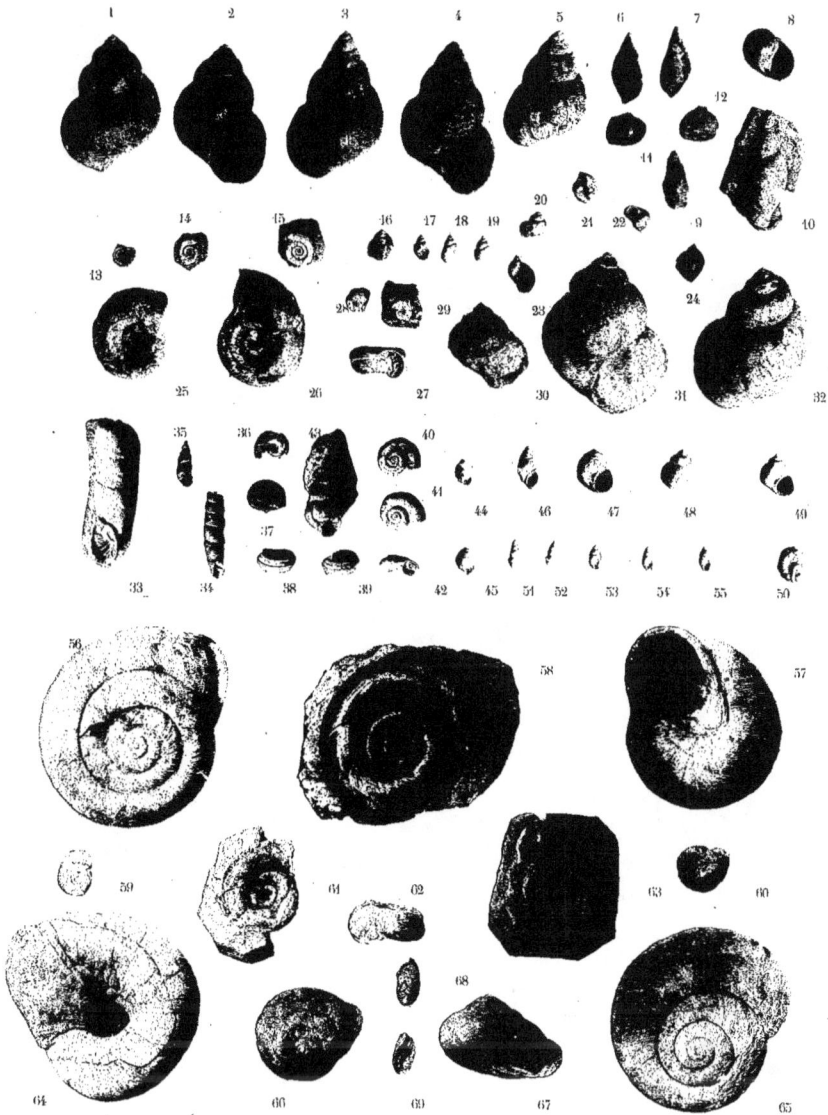

Horizon de Mollon

PLANCHE VIII

PLANCHE VIII.

PLIOCÈNE INFÉRIEUR.

Zone moyenne.

(Horizon de Sermenaz.)

Fig. 1-2..... **Helix Falsani** Loc. — Sables de Sermenaz.
Fig. 3-5..... **Helix Magnini** Loc. — Sables de Sermenaz.
Fig. 6-7..... **Helix Tersannensis** Loc. — Marnes de Sermenaz.
Fig. 8-10... **Unio Miribellensis** Loc. — Les Boulées de Miribel.
Fig. 11-13... **Pisidium amnicum** Müll., var. **Idanicum** Loc. — Les Boulées.
Fig. 14-16... **Helix Sermenazensis** Loc. — Sables de Sermenaz.
Fig. 17-22... **Vivipara Fuchsi** Neum. (*Dresseli* Tourn.). — Les Boulées.
Fig. 23-26... **Bithynia Leberonensis** F. et T., var. **Neyronensis** (23-24) et **Delphinensis**
(25-26). — Sermenaz.
Fig. 27..... **Nematurella ovata** Bronn. — Sermenaz.
Fig. 28..... **Planorbis Philippei** Loc. — Sermenaz.
Fig. 29-31... **Triptychia Terveri** Mich. — Sables de Rignieux.
Fig. 32..... **Valvata Vanciana** Tourn. — Les Boulées.
Fig. 33-34... **Neritina Philippei** Tourn — Les Boulées.
Fig. 36-38... **Melanopsis flammulata** de Stef., var. **Rhodanica** Loc. — Les Boulées.

(Marnes des Rippes de Treffort.)

Fig. 35..... **Neritina Philippei** Tourn.
Fig. 39..... **Planorbis umbilicatus** L.
Fig. 40-41... **Valvata Kupensis** Fuchs.
Fig. 42-44... **Nematurella Lugdunensis** Tourn.
Fig. 45..... **Vivipara Treffortensis** Tourn.
Fig. 46..... **Helix Ogerieni** Loc.

(Horizon de Saint-Amour.)

Fig. 47-49... **Helix Chaignoni** Loc. — Marnes de Condal.
Fig. 50-51-54. **Clausilia Falsani** Loc. — Marnes de Condal (la figure 54 grossie 3 fois).
Fig. 52-53... **Craspedopoma conoidale** Mich. — Sables de Montgardon.
Fig. 55-56... **Ferussacia lævissima** Mich. — Marnes de Condal (grossie 3 fois).
Fig. 57..... **Mus Donnezani** Dep., 2e molaire supérieure. — Marnes du Villard (grossie
3 fois).
Fig. 59-60... **Pisidium Clessini** Neum. (**Charpyi** Loc.). — Marnes de Cormoz (grossi 3 fois).
Fig. 61..... **Helix Godarti** Mich., var. **planorbiformis**. — Marnes de Condal.
Fig. 62..... **Helix Tardyi** Tourn. — Marnes de Beaupont.
Fig. 63-64... **Pyrgidium Nodoti** Tourn. — Marnes de Condal.
Fig. 65-67... **Nematurella Lugdunensis** Tourn. Condal (fig. 67). — Marnes de Villard
(fig. 65-66).
Fig. 68-69... **Helix exstincta** Ramb., var. **Idanica** Loc. — Sables de Montgardon.
Fig. 70-71... **Valvata Eugeniæ** Neum. (*Ogerieni* Loc.). — Marnes des Rippes de Nanc.
Fig. 72-74... **Melanopsis Brongniarti** Loc. — Sables de Montgardon (fig. 72). — Neublans
(73-74).
Fig. 75-77... **Melanopsis Ogerieni** Loc. — Marnes du Niquedet.
Fig. 78-79... **Bithynia labiata** Neum. — Marnes de Cormoz.
Fig. 80-81... **Valvata inflata** Sandb. et var. **subpiscinalis** (fig. 81). — Marnes de Cormoz.
Fig. 82-83... **Sphærium Lorteti** Loc. — Marnes du Villard.
Fig. 84..... **Lutra Bressana** n. sp. Tibia. — Marnes de Beaupont.
Fig. 85..... **Lutra Bressana** n. sp., 4e métatarsien. — Marnes de Beaupont.
Fig. 86..... **Helix Ducrosti** Loc. — Marnes de Condal.
Fig. 87-89... **Vivipara Sadleri** Partsch. (*Bressana* Ogér.). — Marnes du Niquedet.
Fig. 90..... **Limnæa Bouilleti** Mich. — Marnes de Condal.
Fig. 91-92... **Unio Nicolasi** Font. — Le Niquedet, le Bevet.
Fig. 93-95... **Vivipara Burgundina** Tourn. — Nanc, Cormoz (fig. 93).
Fig. 96..... **Unio atavus** Partsch. — Sables du Grosset, près Domsure.

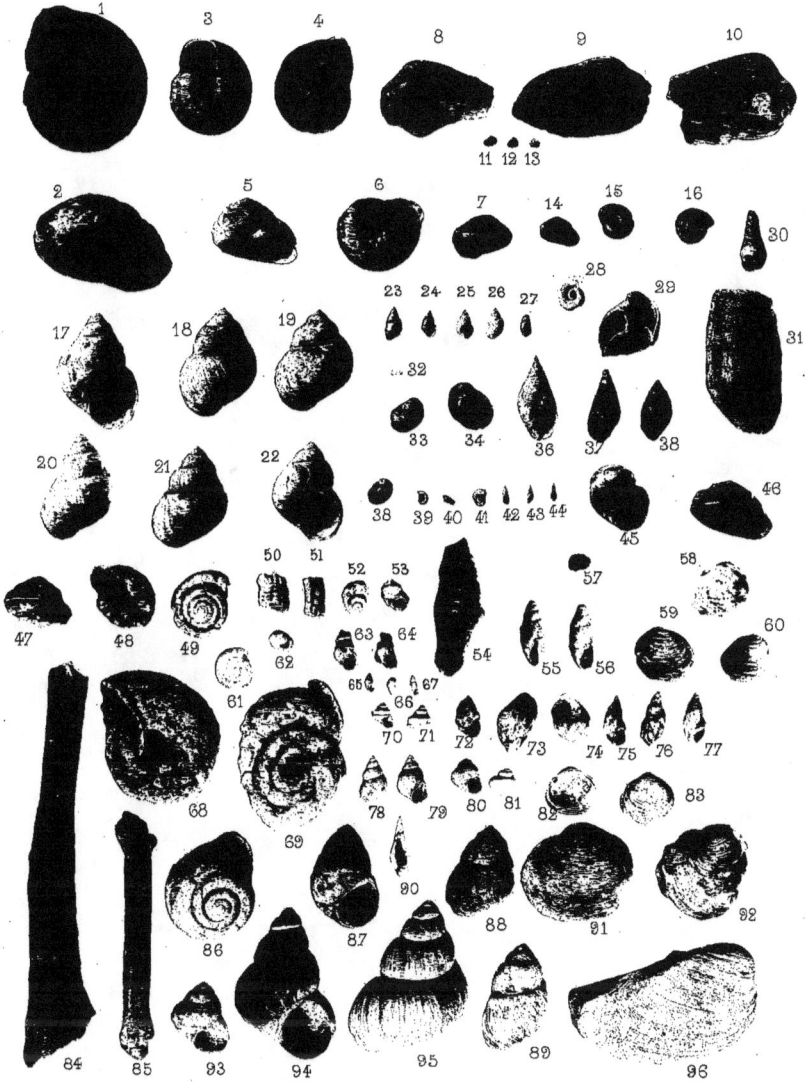

Horizons de Sermenaz et de St Amour

Procédé G. Pilarski A. Murat & Cie

PLANCHE IX

PLANCHE IX.

PLIOCÈNE INFÉRIEUR.

Zone supérieure.

(Marnes d'Anvillars et de Bligny.)

PLIOCÈNE MOYEN.

(Horizon des sables de Trévoux.)

PLIOCÈNE SUPÉRIEUR.

(Horizon de Chalon-Saint-Cosme.)

Pl. IX

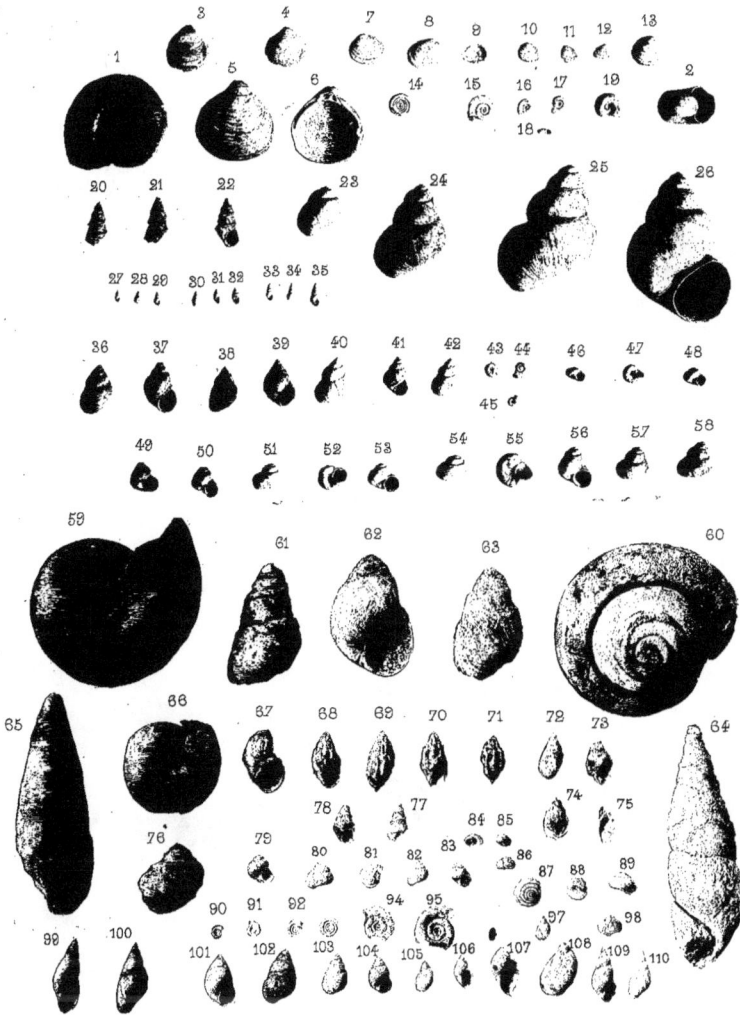

1 - 58.   Mollusques de l'horizon d'Auvillars

59 - 76.   —   —   de Trévoux

77 - 110.   —   —   de Chalon Sᵗ Cosme

Procédé G Pilarski A. Murat et Cⁱᵉ

PLANCHE X

3.

PLANCHE X.

PLIOCÈNE MOYEN.

(Horizon des sables de Trévoux.)

Fig. 1..... **Mastodon Arvernensis** Cr. et Job. — Dernière molaire supérieure. Sables de Trévoux, près Reyrieux. 1/2 grandeur.

Fig. 2..... **Mastodon Arvernensis** Cr. et Job. — Dernière molaire inférieure. Même localité. 1/2 grandeur.

Fig. 3..... **Rhinoceros leptorhinus** Cuv. — Demi-mandibule avec les 3 arrière-molaires, dont la 2ᵉ est brisée. Trévoux. 1/2 grandeur.

Fig. 4..... **Capreolus australis** DE SERRES. — Base de bois montrant la bifurcation de l'andouiller. Sables de Montmerle.

Fig. 5..... **Capreolus australis** DE SERRES. — Extrémité inférieure de tibia. Trévoux.

Fig. 6..... **Capreolus australis** DE SERRES. — Calcanéum. Sables de Saint-Germain-au-Mont-d'Or.

Fig. 7-7ᵃ... **Palæoryx Cordieri** Gerv. — Arrière-molaire supérieure. Sables de l'entrée du tunnel de Collonges.

Fig. 8..... **Ursus Arvernensis** Cr. et Job. — Canine inférieure. Trévoux.

(Muséum et Faculté des sciences de Lyon.)

Pl. X.

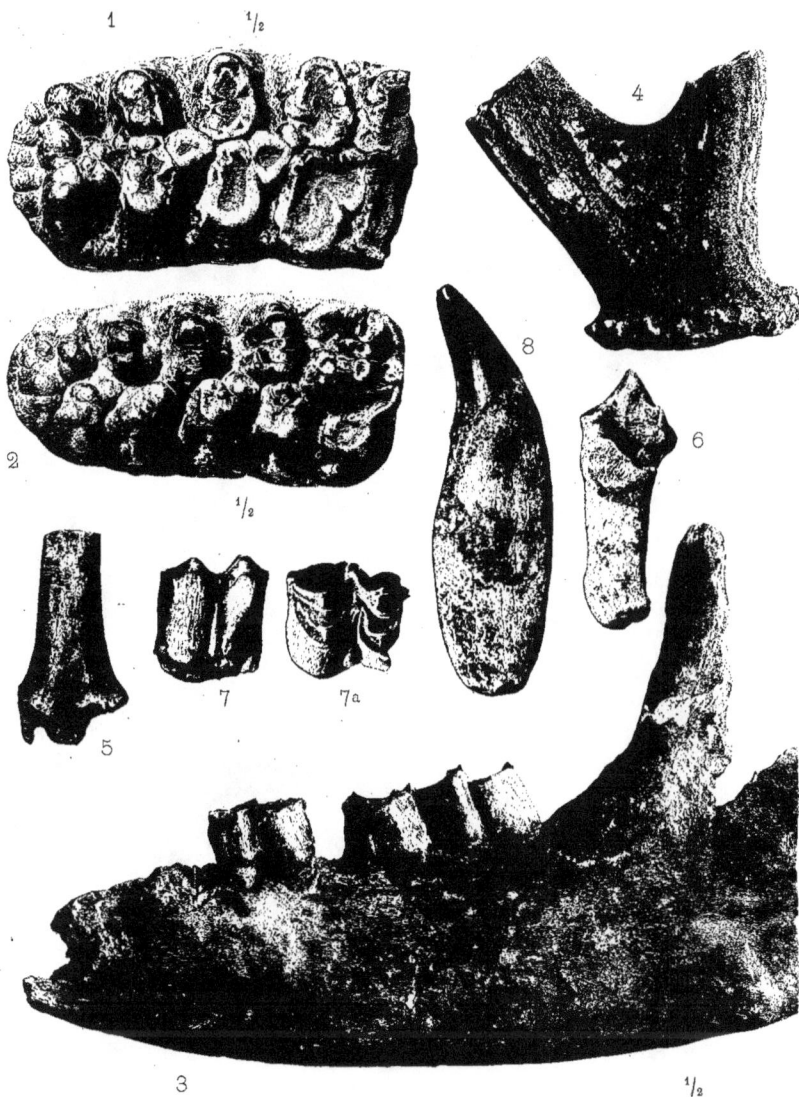

HORIZON DES SABLES DE TRÉVOUX

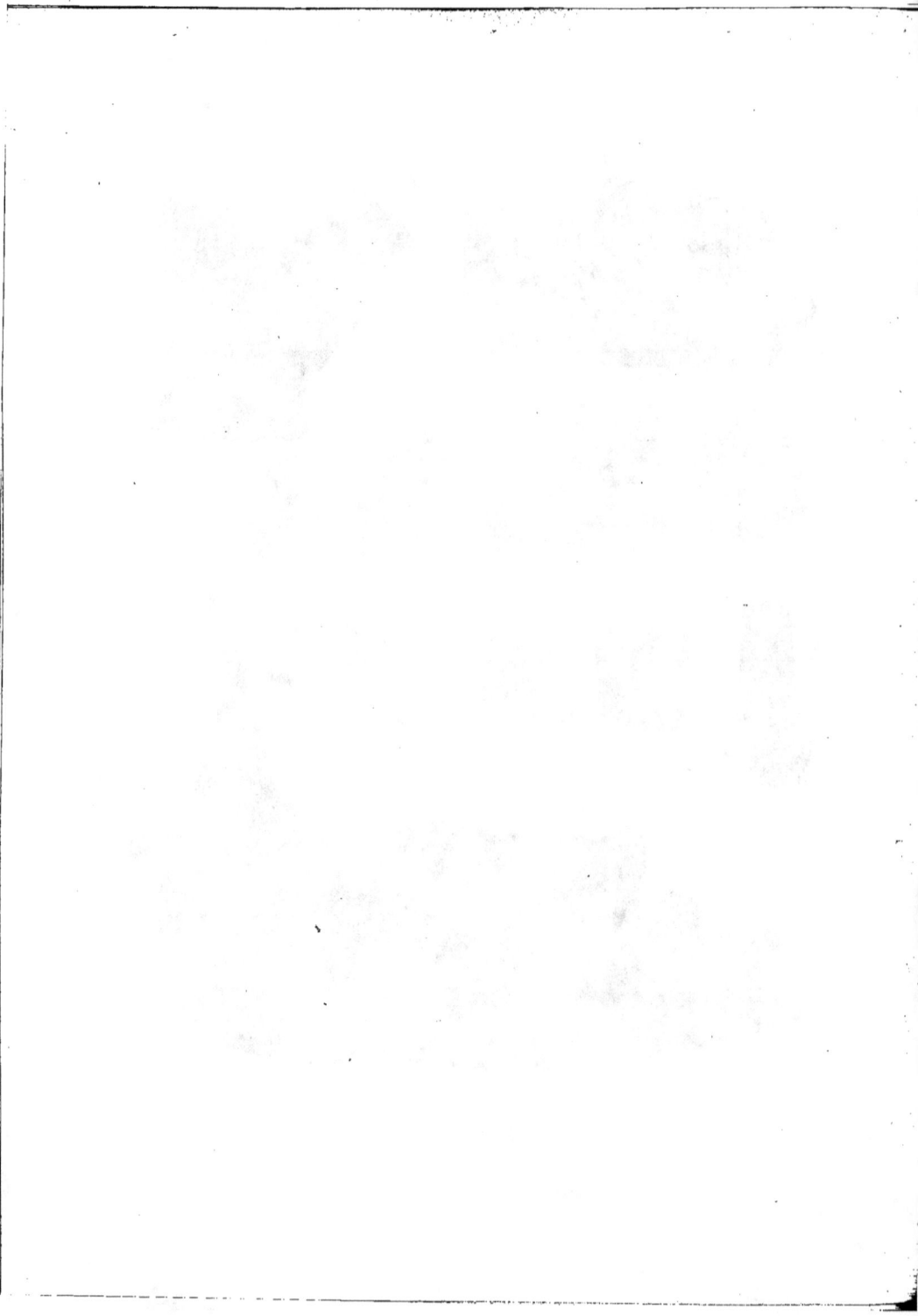

PLANCHE XI

PLANCHE XI.

PLIOCÈNE SUPÉRIEUR.

(Horizon des sables et graviers de Chagny.)

Fig. 1..... **Elephas meridionalis** Nesti. — Molaire inférieure. 1/2 grandeur. Tranchée de Comblanchien.

Fig. 2..... **Mastodon Arvernensis** Cr. et Job. — Dernière molaire supérieure brisée en avant. 1/2 grandeur. Chagny.

Fig. 3-3ᵉ... **Machairodus crenatidens** Fabrini. — Canine supérieure dont la pointe est brisée. Chagny.

Fig. 4..... **Hyæna** cf. **Perrieri** Cr. et Job. — Moitié de l'avant-dernière prémolaire inférieure. Chagny.

Fig. 5..... **Ursus Arvernensis** Cr. et Job. — Carnassière inférieure. Chagny.

Fig. 6..... **Castor Issiodorensis** Cr. et Job. — Demi-mandibule avec les 3 premières molaires. Chagny.

Fig. 7..... **Castor Issiodorensis** Cr. et Job. — Première molaire inférieure. Chagny.

Fig. 8..... **Castor Issiodorensis** Cr. et Job. — Portion d'incisive. Chagny.

Fig. 9..... **Tapirus Arvernensis** Cr. et Job. — Partie de palais portant les 3 arrière-molaires. Chagny.

(Les pièces nᵒˢ 1, 2 et 9 sont à l'École des mines de Paris; les autres au Muséum de Lyon.)

Pl. XI.

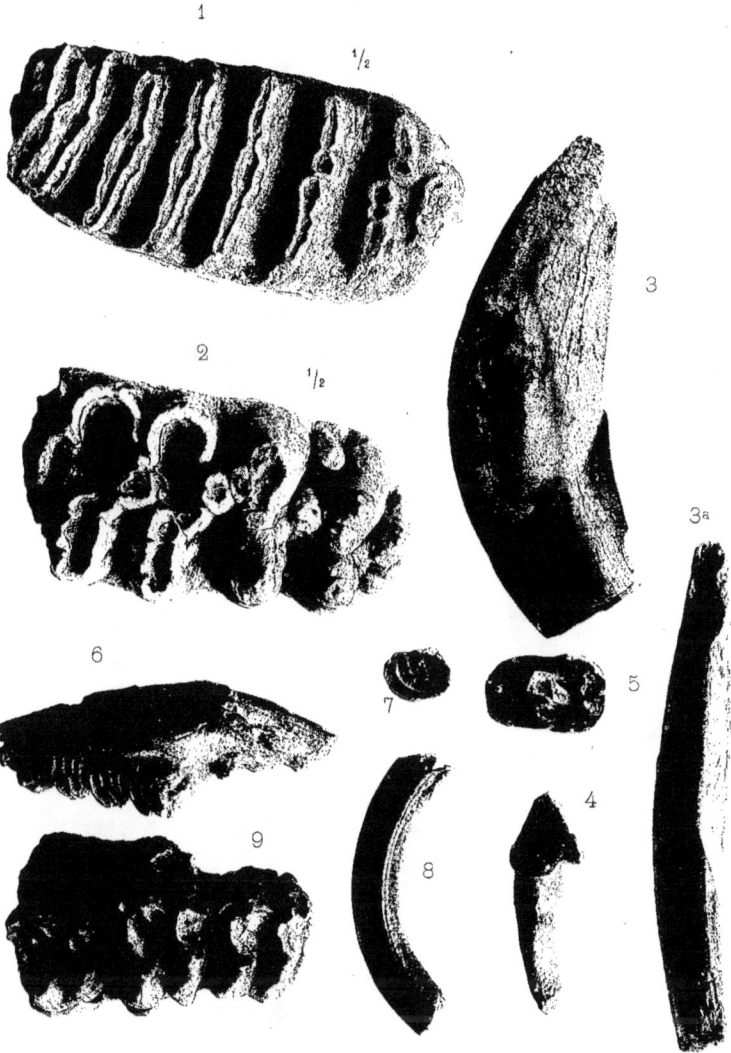

1

$^1/_2$

3

2

$^1/_2$

3ª

6

7

5

9

8

4

Horizon de Chagny

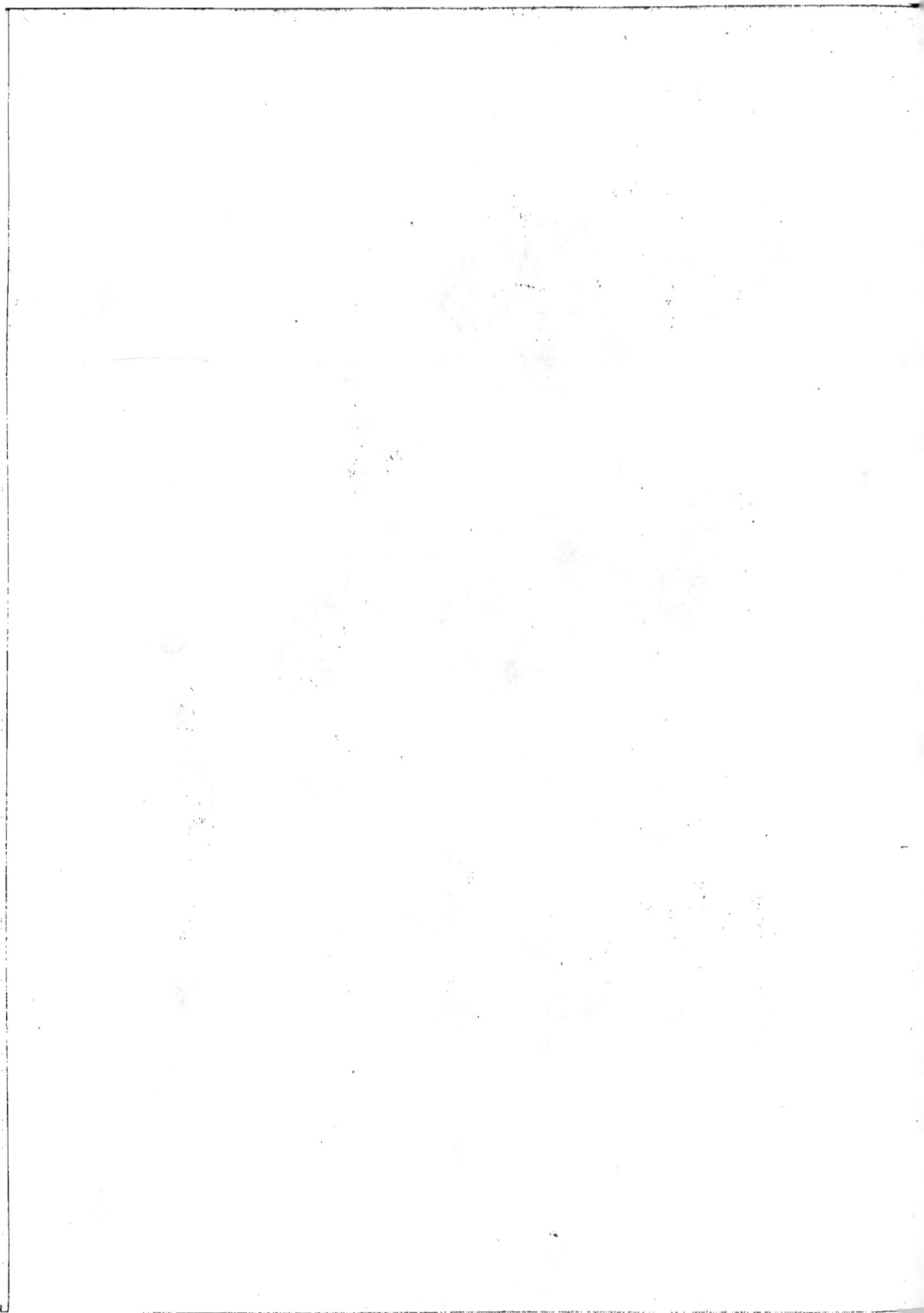

PLANCHE XII

PLANCHE XII.

PLIOCÈNE SUPÉRIEUR.

(Horizon des sables et graviers de Chagny.)

Fig. 1. **Equus Stenonis** Cocchi, race **major** Boule. — Série des 3 prémolaires et de la 1ʳᵉ arrière-molaire supérieure. Tranchée de Chagny.

Fig. 2. **Equus Stenonis** Cocchi. — 2ᵉ arrière-molaire inférieure. Chagny.

Fig. 3. **Equus Stenonis** Cocchi. — 1ʳᵉ phalange. Chagny.

Fig. 4. **Equus Stenonis** Cocchi, petite race. — 1ʳᵉ et 2ᵉ prémolaires supérieures. Tranchée de Perrigny.

Fig. 5. **Equus Stenonis** Cocchi. — 1ʳᵉ arrière-molaire inférieure. Perrigny.

Fig. 6. **Rhinoceros** cf. **Etruscus** Falc. — Arrière-molaire supérieure. Tranchée de Chagny.

Fig. 7. **Rhinoceros** cf. **Etruscus** Falc. — Arrière-molaire inférieure. Chagny.

(Ces pièces sont à l'École des mines de Paris, sauf le n° 3 qui est au Muséum de Lyon.)

Pl. XII.

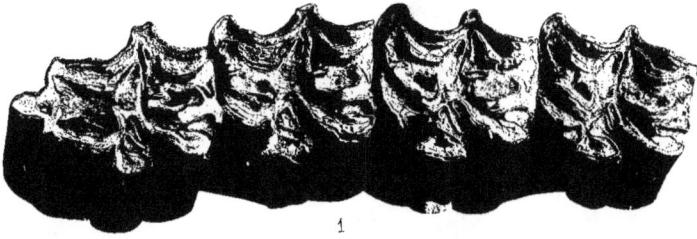

1

2

5

4

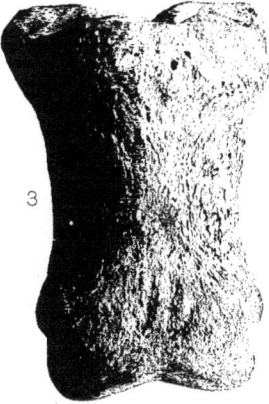

3

6

7

Horizon de Chagny

PLANCHE XIII

PLANCHE XIII.

PLIOCÈNE SUPÉRIEUR.

(Horizon des sables et graviers de Chagny.)

Pl. XIII.

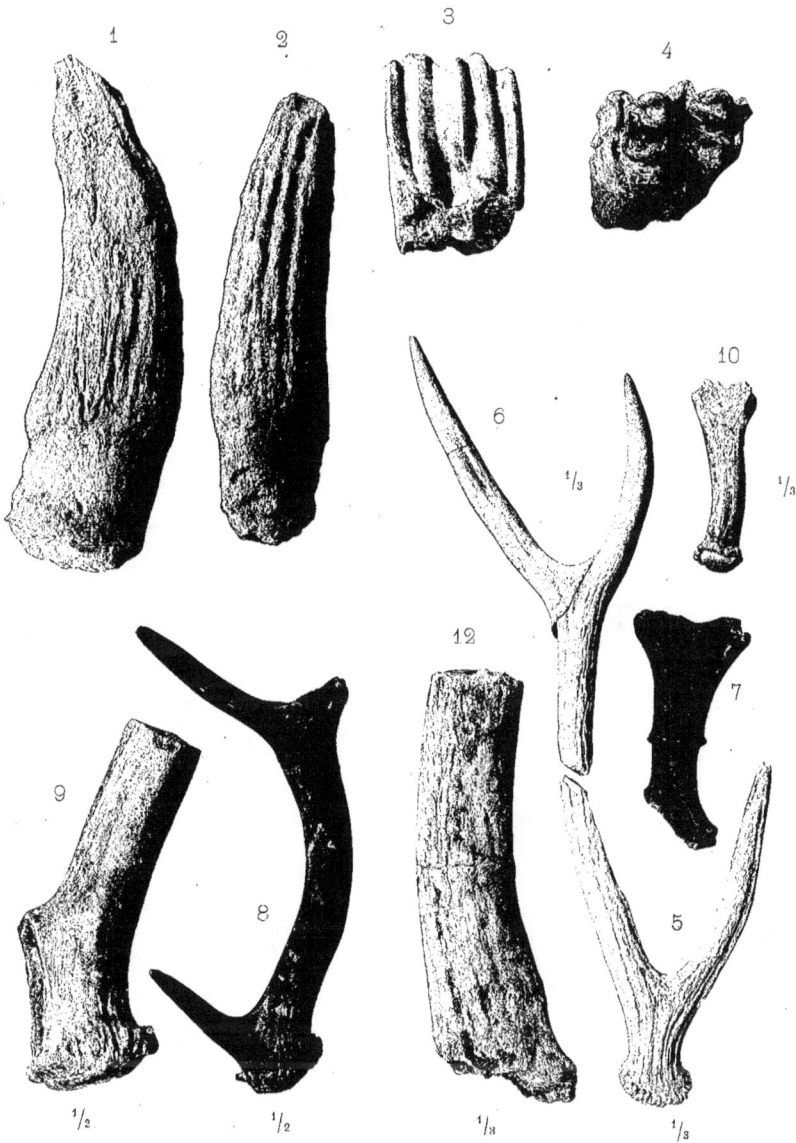

PLANCHE XIV

4.

PLANCHE XIV.

PLIOCÈNE SUPÉRIEUR.

(Horizon des marnes et sables de Chalon-Saint-Cosme.)

Fig. 1..... **Equus Stenonis** Cocchi. — Molaire supérieure. Sables de Saint-Cosme.

Fig. 2..... **Equus Stenonis** Cocchi. — Métacarpien médian. Sables de Saint-Cosme.
2/3 grandeur.

Fig. 2ᵃ.... **Equus Stenonis** Cocchi. — Le même os par-dessus. 2/3 grandeur.

Fig. 3..... **Cervus megaceros** Harl. — Base de bois. Sables de Saint-Cosme. 2/3
grandeur.

Fig. 4..... **Bos** sp. — Arrière-molaire supérieure. Sables de Saint-Cosme.

Fig. 5..... **Canis** sp. (taille du Chacal). — Extrémité inférieure de tibia. Sables de
Saint-Cosme.

Fig. 6-6ᵃ... **Trogontherium Cuvieri** Ow. — 2ᵉ métatarsien, par devant et par derrière.
Sables de Saint-Cosme.

(Ces pièces sont dans la collection de Montessus à Chalon-sur-Saône, sauf le
n° 6 qui est à la Faculté des sciences de Lyon.)

Pl. XIV.

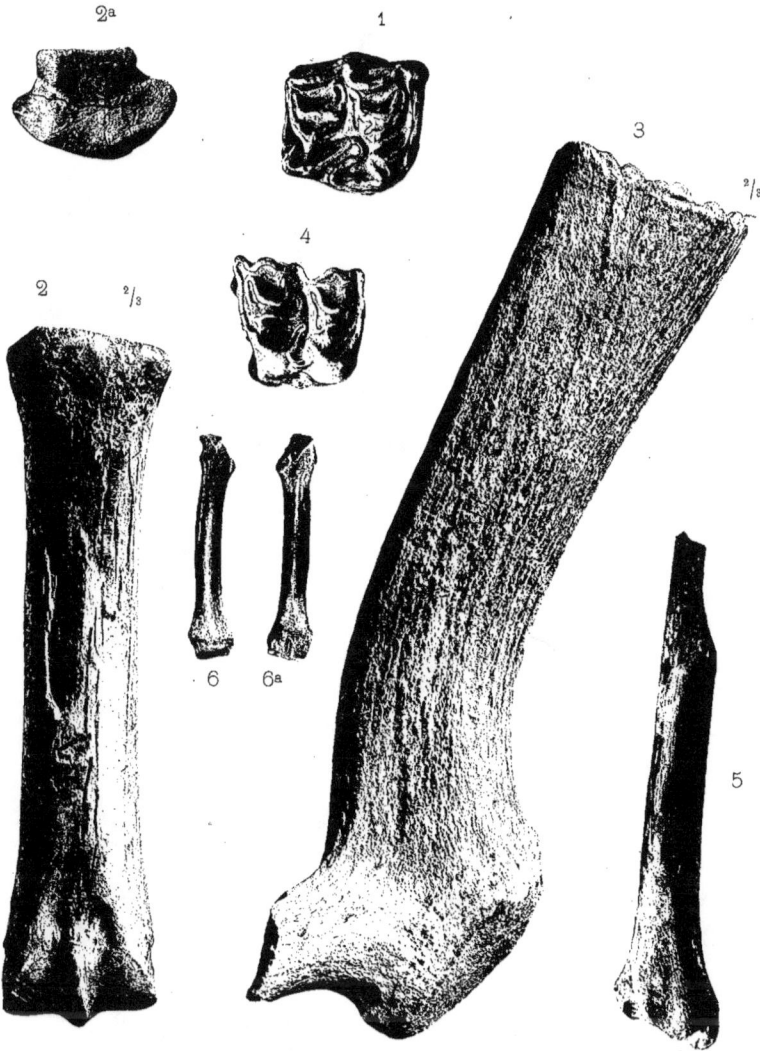

HORIZON DE CHALON-SAINT-CÔME

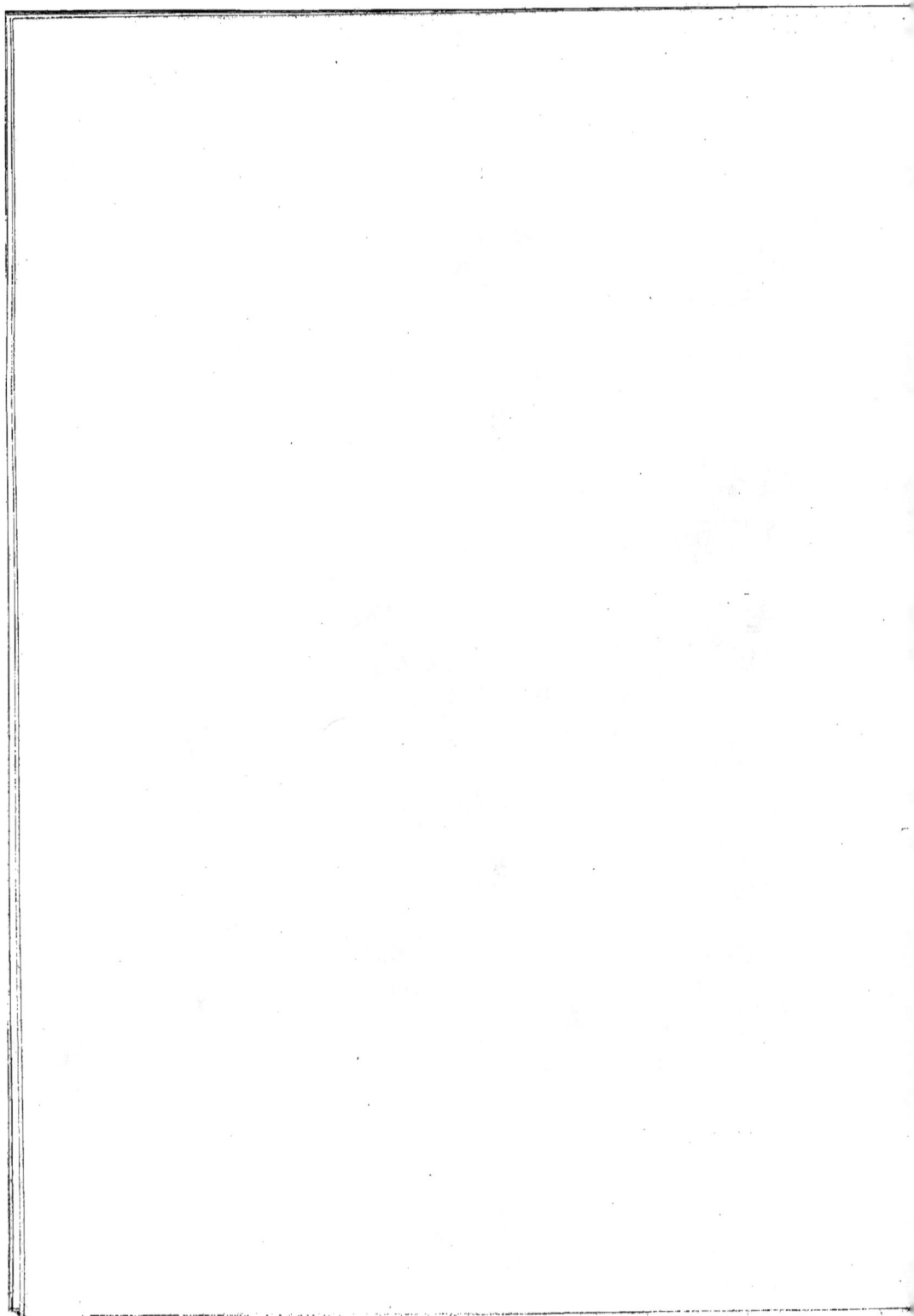

PLANCHE XV

PLANCHE XV.

QUATERNAIRE.

(Graviers de la première extension glaciaire.)

Elephas primigenius BLUM. — Mandibule d'un sujet jeune avec une molaire en place de chaque côté, montrant des plis d'émail étroits et serrés. Argiles intercalées dans les graviers préglaciaires de la tuilerie de la Demi-Lune, près Lyon.

(Muséum de Lyon.)

Pl. XV.

$^1/_2$

Horizon des graviers de la première extension glaciaire quaternaire.

PLANCHE XVI

PLANCHE XVI.

QUATERNAIRE.

(Graviers interglaciaires de Villefranche.)

Fig. 1. Silex taillé en forme de racloir, avec retouches d'un seul côté.

Fig. 2. Silex taillé en pointe, avec retouches d'un seul côté.

Fig. 3. Silex analogue au n° 1, vu par la face non retouchée.

Fig. 4. **Rhinoceros Mercki** Kaup. — Arrière-molaire à l'état de germe.

Fig. 5. **Rhinoceros Mercki** Kaup. — Molaire supérieure très usée.

Fig. 6. **Rhinoceros Mercki** Kaup. — Prémolaire supérieure très usée.

Fig. 7. **Rhinoceros Mercki** Kaup. — Arrière-molaire inférieure.

Fig. 8. **Hyæna crocuta** Erxl., race **spelæa** Goldf. — Portion de mandibule avec la canine brisée à la pointe et les 3 prémolaires.

(Ces pièces sont à la Faculté des sciences de Lyon.)

Pl. XVI.

Horizon interglaciaire de Villefranche

Procédé G. Pilarski, A. Murat & Cie

PLANCHE XVII

PLANCHE XVII.

QUATERNAIRE.

(Graviers interglaciaires de Villefranche.)

Fig. 1. **Bison bonasus** L., race **priscus** Boj. — Cheville osseuse de corne. 1/2 grandeur.

Fig. 2. **Equus caballus** L. — Mandibule d'un sujet adulte, montrant les 3 incisives, la canine et la série des 6 molaires de chaque côté. 1/2 grandeur.

(Ces pièces sont à la Faculté des sciences de Lyon.)

Pl. XVII.

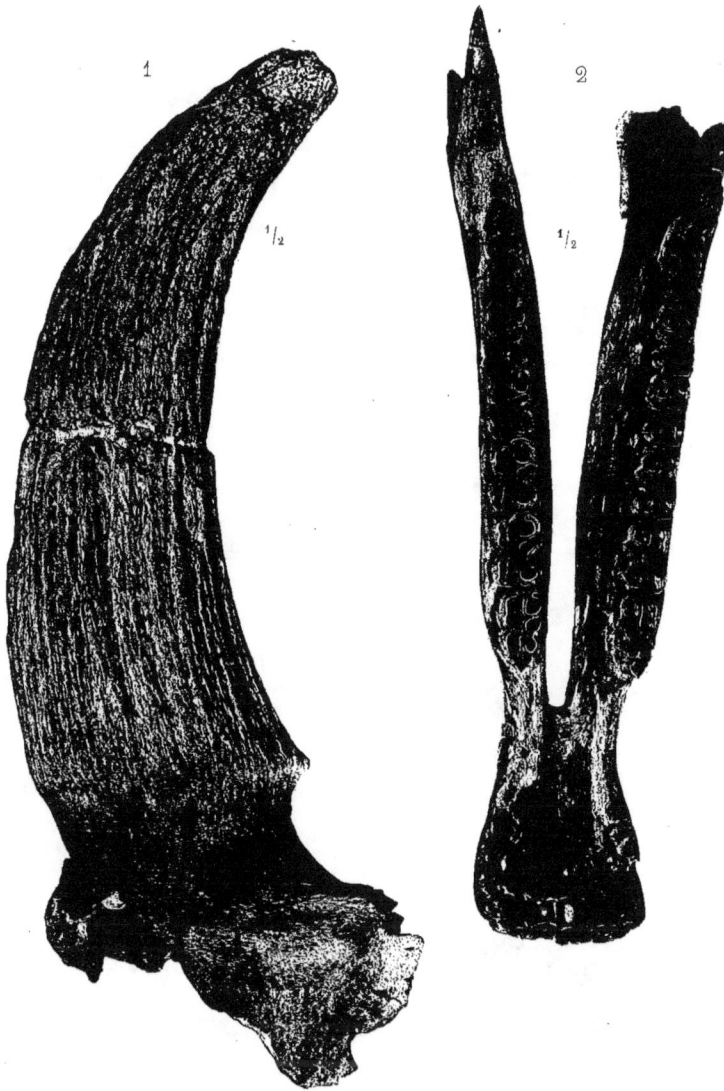

1

$^1/_2$

2

$^1/_2$

Horizon interglaciaire de Villefranche

Procédé G. Pilarski, A. Murat & Cie

PLANCHE XVIII

PLANCHE XVIII.

QUATERNAIRE.

(Graviers interglaciaires de Villefranche.)

Fig. 1. **Rhinoceros Mercki** Kaup. — Métacarpien médian. 1/2 grandeur.

Fig. 2. **Rhinoceros Mercki** Kaup. — Unciforme. 1/2 grandeur.

Fig. 3. **Rhinoceros Mercki** Kaup. — Calcanéum, brisé en avant. 1/2 grandeur.

Fig. 4. **Bison bonasus** L., race **priscus** Boj. — Métacarpe. 1/2 grandeur.

Fig. 5. **Bison bonasus** L. — Métatarse. 1/2 grandeur.

Fig. 6. **Bison bonasus** L. — Astragale. 1/2 grandeur.

Fig. 7. **Bison bonasus** L. — Demi-mandibule montrant les 3 arrière-molaires et la dernière prémolaire. 1/2 grandeur.

(Ces pièces sont à la Faculté des sciences de Lyon.)

Pl. XVIII.

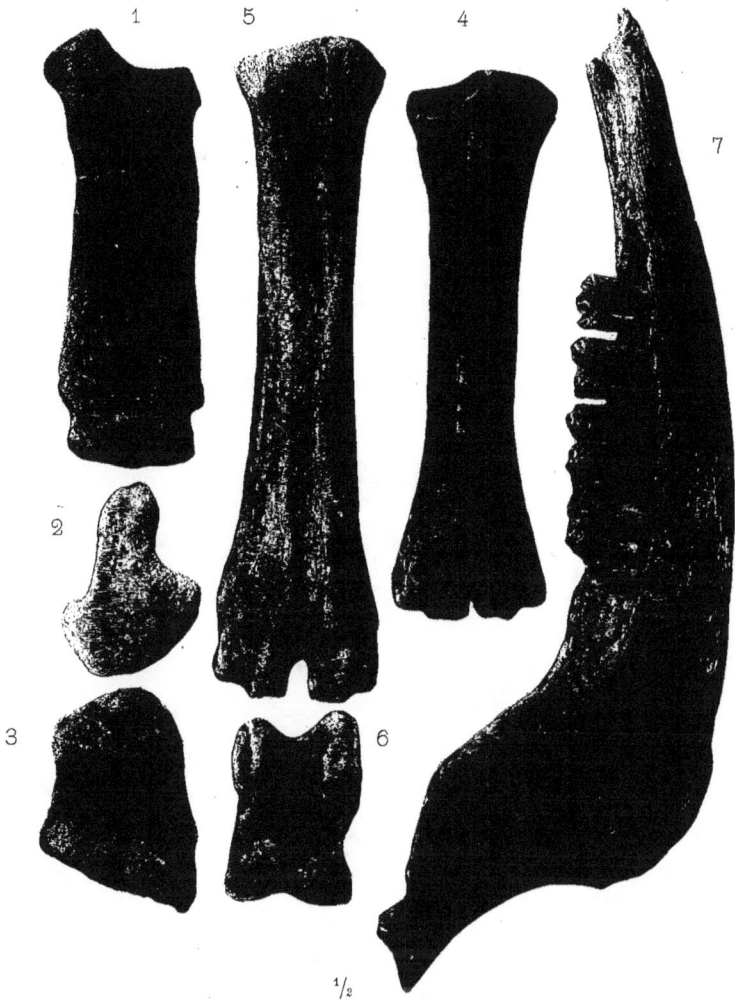

1 5 4 7

2

3 6

$^1/_2$

Horizon interglaciaire de Villefranche

Procédé G. Pilarski. A. Murat & Cie

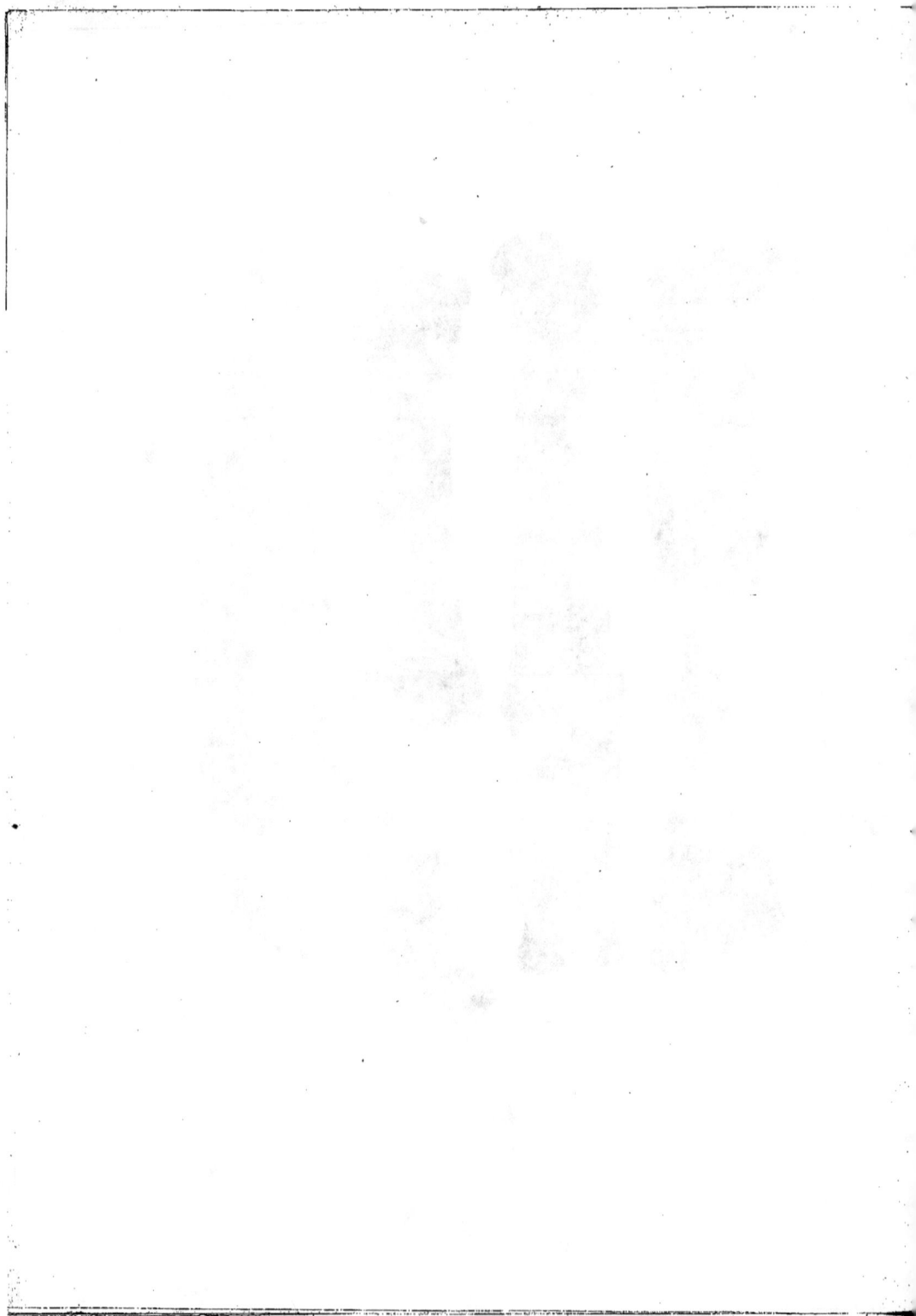

PLANCHE XIX

PLANCHE XIX.

QUATERNAIRE.

(Graviers interglaciaires de Villefranche.)

Fig. 1. **Cervus** sp. (taille du **megaceros**). — Arrière-molaire supérieure.

Fig. 2. **Cervus elaphus** L. — Arrière-molaire supérieure.

Fig. 3. **Cervus elaphus** L. — 3e arrière-molaire inférieure.

Fig. 4. **Cervus elaphus** L. — Portion de mandibule avec les 3 prémolaires.

Fig. 5. **Cervus elaphus** L. — Astragale.

Fig. 6. **Bison bonasus** L., race **priscus** Boj. — Arrière-molaire supérieure, vue par la muraille externe.

Fig. 7. **Bison bonasus** L. — 3e arrière-molaire inférieure.

Fig. 8. **Bison bonasus** L. — Arrière-molaire supérieure, vue par la couronne.

Fig. 9. **Sus scrofa** L. — Défense ou canine supérieure.

Fig. 10. **Equus caballus** L. — Série des 6 molaires supérieures.

(Ces pièces sont à la Faculté des sciences de Lyon)

Pl. XIX.

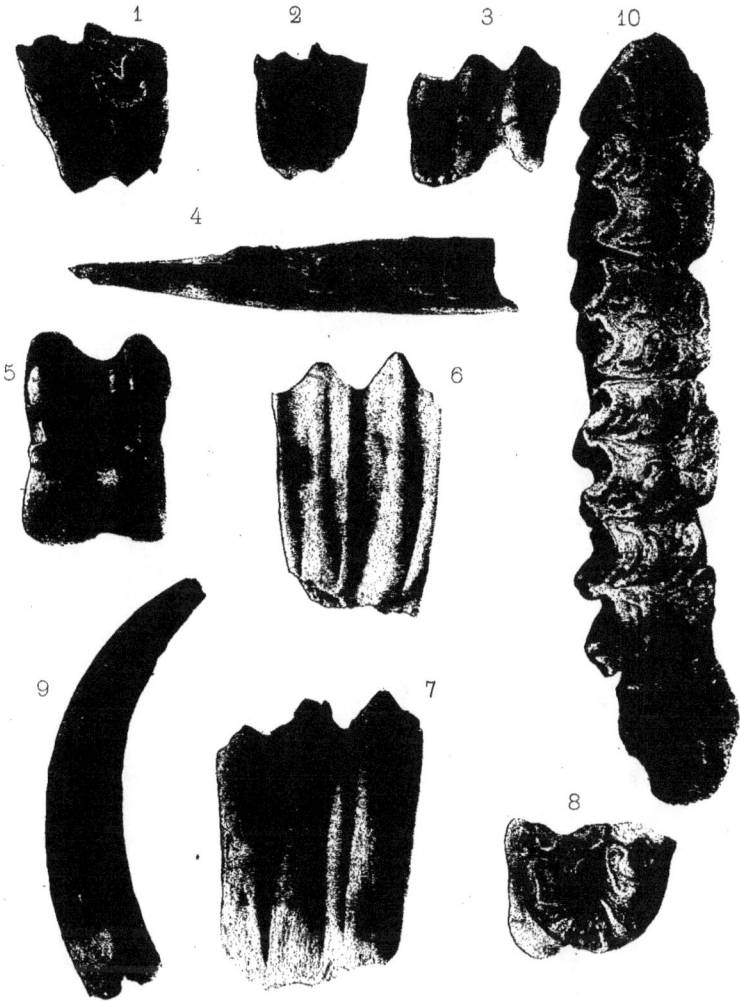

Horizon interglaciaire de Villefranche

Procédé G. Pilarski, A. Murat et Cⁱᵉ

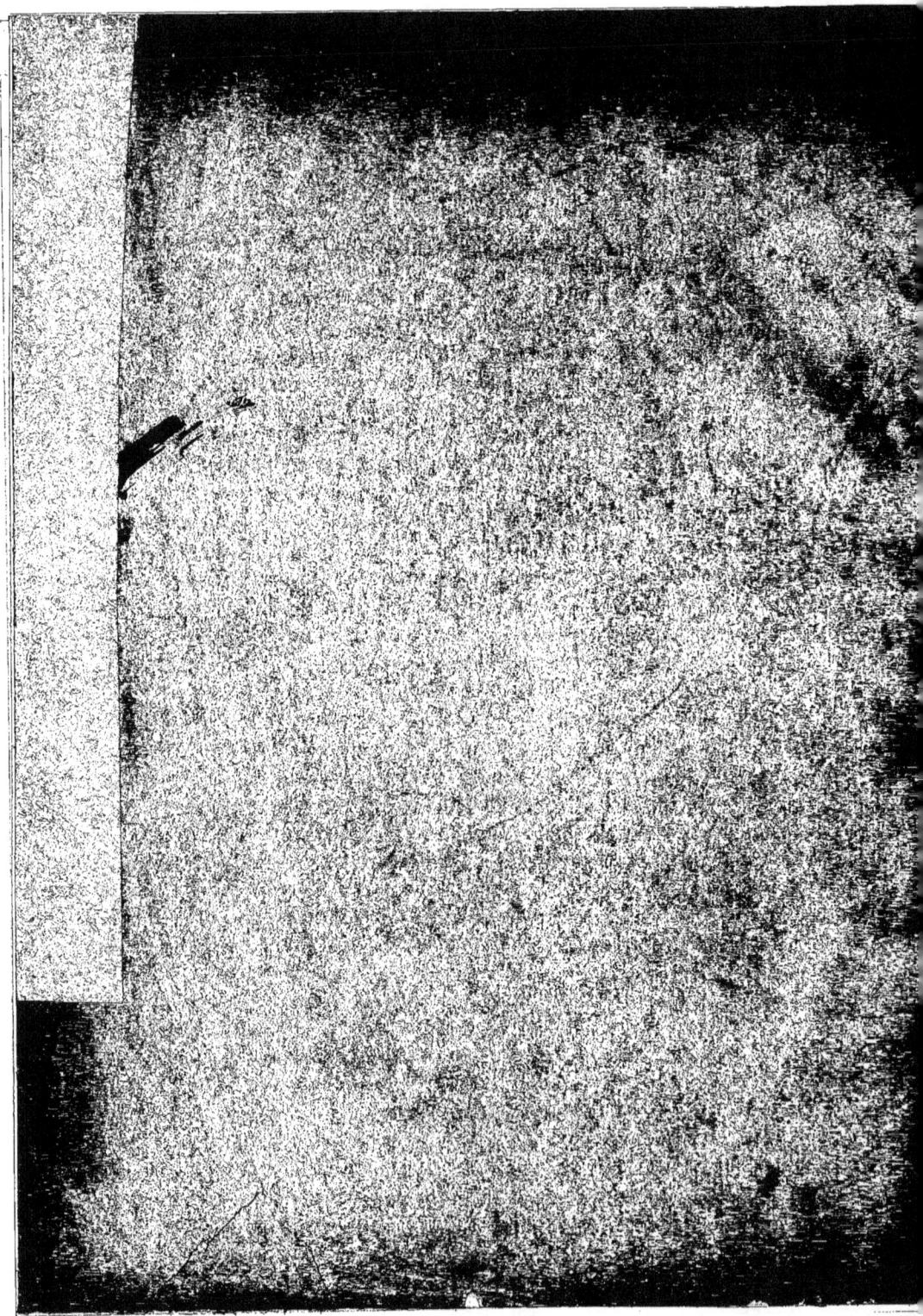

www.ingramcontent.com/pod-product-compliance
Lightning Source LLC
Chambersburg PA
CBHW030926220326
41521CB00039B/985